CE CARNET APPARTIENT À

....

....

Date: ..../........../..............

Localisation ....

GPS: ....

Machine Utilistées:

....
....
....

Configurations:

....
....
....

Objets Trouvés:

....
....
....
....
....
....
....
....
....
....
....
....

- **Date:** ..../......./...............
- **Localisation** ....
- **GPS:** ....

Machine Utilistées:

....
....
....

Configurations:

....
....
....

Objets Trouvés:

....
....
....
....
....
....
....
....
....
....
....
....
....

Date: ..../......./............

Localisation ....

GPS: ....

Machine Utilistées:

....
....
....

Configurations:

....
....
....

Objets Trouvés:

....
....
....
....
....
....
....
....
....
....
....
....

Date: ..../....../...............

Localisation ....

GPS: ....

Machine Utilistées:

....
....
....

Configurations:

....
....
....

Objets Trouvés:

....
....
....
....
....
....
....
....
....
....
....
....
....

Date: ..../........./...............

Localisation ....

GPS: ....

Machine Utilistées:

....
....
....

Configurations:

....
....
....

Objets Trouvés:

....
....
....
....
....
....
....
....
....
....
....
....

Date: ..../......./................

Localisation ....

GPS: ....

Machine Utilistées:

....
....
....

Configurations:

....
....
....

Objets Trouvés:

....
....
....
....
....
....
....
....
....
....
....
....
....

Date: ..../......../................

Localisation ....

GPS: ....

Machine Utilistées:

....
....
....

Configurations:

....
....
....

Objets Trouvés:

....
....
....
....
....
....
....
....
....
....
....
....

Date: ..../....../...............
Localisation ....
GPS: ....

Machine Utilistées:

....
....
....

Configurations:

....
....
....

Objets Trouvés:

....
....
....
....
....
....
....
....
....
....
....
....
....

Date: ..../........../..............

Localisation ....

GPS: ....

Machine Utilistées:

....
....
....

Configurations:

....
....
....

Objets Trouvés:

....
....
....
....
....
....
....
....
....
....
....
....

Date: ..../....../..............

Localisation ....

GPS: ....

Machine Utilistées:

....
....
....

Configurations:

....
....
....

Objets Trouvés:

....
....
....
....
....
....
....
....
....
....
....
....
....
....

Date: ..../......../...............

Localisation ....

GPS: ....

Machine Utilistées:

....
....
....

Configurations:

....
....
....

Objets Trouvés:

....
....
....
....
....
....
....
....
....
....
....
....
....

Date: ..../......./................

Localisation ....

GPS: ....

Machine Utilistées:

....
....
....

Configurations:

....
....
....

Objets Trouvés:

....
....
....
....
....
....
....
....
....
....
....
....
....

Date: ..../....../..............

Localisation ....

GPS: ....

Machine Utilistées:

....
....
....

Configurations:

....
....
....

Objets Trouvés:

....
....
....
....
....
....
....
....
....
....
....
....

Date: ..../......../................

Localisation ....

GPS: ....

Machine Utilistées:

....
....
....

Configurations:

....
....
....

Objets Trouvés:

....
....
....
....
....
....
....
....
....
....
....
....
....

Date: ..../......../............

Localisation ....

GPS: ....

Machine Utilistées:

....
....
....

Configurations:

....
....
....

Objets Trouvés:

....
....
....
....
....
....
....
....
....
....
....
....

Date: ..../......./...............

Localisation ....

GPS: ....

Machine Utilistées:

....
....
....

Configurations:

....
....
....

Objets Trouvés:

....
....
....
....
....
....
....
....
....
....
....
....
....
....

Date: ..../......./...............
Localisation ....
GPS: ....

Machine Utilistées:

....
....
....

Configurations:

....
....
....

Objets Trouvés:

....
....
....
....
....
....
....
....
....
....
....
....

Date: ..../......./................

Localisation ....

GPS: ....

Machine Utilistées:

....
....
....

Configurations:

....
....
....

Objets Trouvés:

....
....
....
....
....
....
....
....
....
....
....
....

Date: ..../......./..............

Localisation ....

GPS: ....

Machine Utilistées:

....
....
....

Configurations:

....
....
....

Objets Trouvés:

....
....
....
....
....
....
....
....
....
....
....

Date: ..../....../...............

Localisation ....

GPS: ....

Machine Utilistées:

....
....
....

Configurations:

....
....
....

Objets Trouvés:

....
....
....
....
....
....
....
....
....
....
....
....
....
....

Date: ..../......../...............

Localisation ....

GPS: ....

Machine Utilistées:

....
....
....

Configurations:

....
....
....

Objets Trouvés:

....
....
....
....
....
....
....
....
....
....
....
....

Date: ..../......../................

Localisation ....

GPS: ....

Machine Utilistées:

....
....
....

Configurations:

....
....
....

Objets Trouvés:

....
....
....
....
....
....
....
....
....
....
....
....
....
....

Date: ..../......./..............

Localisation ....

GPS: ....

Machine Utilistées:

....
....
....

Configurations:

....
....
....

Objets Trouvés:

....
....
....
....
....
....
....
....
....
....
....
....

Date: ..../....../...............

Localisation ....

GPS: ....

Machine Utilistées:

....
....
....

Configurations:

....
....
....

Objets Trouvés:

....
....
....
....
....
....
....
....
....
....
....
....
....
....

Date: ..../........./.................
Localisation ....
GPS: ....

Machine Utilistées:

....
....
....

Configurations:

....
....
....

Objets Trouvés:

....
....
....
....
....
....
....
....
....
....
....
....

Date: ..../......./...............

Localisation ....

GPS: ....

Machine Utilistées:

....
....
....

Configurations:

....
....
....

Objets Trouvés:

....
....
....
....
....
....
....
....
....
....
....
....
....

Date: ..../........../................

Localisation ....

GPS: ....

Machine Utilistées:

....
....
....

Configurations:

....
....
....

Objets Trouvés:

....
....
....
....
....
....
....
....
....
....
....
....

Date: ..../....../................

Localisation ....

GPS: ....

Machine Utilistées:

....
....
....

Configurations:

....
....
....

Objets Trouvés:

....
....
....
....
....
....
....
....
....
....
....
....

Date: ..../....../..............

Localisation ....

GPS: ....

Machine Utilistées:

....
....
....

Configurations:

....
....
....

Objets Trouvés:

....
....
....
....
....
....
....
....
....
....
....
....

Date: ..../......./...............
Localisation ....
GPS: ....

Machine Utilistées:

....
....
....

Configurations:

....
....
....

Objets Trouvés:

....
....
....
....
....
....
....
....
....
....
....
....
....

Date: ..../......./................

Localisation ....

GPS: ....

Machine Utilistées:

....
....
....

Configurations:

....
....
....

Objets Trouvés:

....
....
....
....
....
....
....
....
....
....
....

Date: ..../......./...............

Localisation ....

GPS: ....

Machine Utilistées:

....
....
....

Configurations:

....
....
....

Objets Trouvés:

....
....
....
....
....
....
....
....
....
....
....
....
....

Date: ..../....../...............
Localisation ....
GPS: ....

Machine Utilistées:

....
....
....

Configurations:

....
....
....

Objets Trouvés:

....
....
....
....
....
....
....
....
....
....
....
....
....

Date: ..../....../...............

Localisation ....

GPS: ....

Machine Utilistées:

....
....
....

Configurations:

....
....
....

Objets Trouvés:

....
....
....
....
....
....
....
....
....
....
....
....

Date: ..../....../................

Localisation ....

GPS: ....

Machine Utilistées:

....
....
....

Configurations:

....
....
....

Objets Trouvés:

....
....
....
....
....
....
....
....
....
....
....
....

Date: ..../......./...............
Localisation ....
GPS: ....

Machine Utilistées:

....
....
....

Configurations:

....
....
....

Objets Trouvés:

....
....
....
....
....
....
....
....
....
....
....
....
....

Date: ..../......./...............

Localisation ....

GPS: ....

Machine Utilistées:

....
....
....

Configurations:

....
....
....

Objets Trouvés:

....
....
....
....
....
....
....
....
....
....
....

Date: ..../....../...............
Localisation ....
GPS: ....

Machine Utilistées:

....
....
....

Configurations:

....
....
....

Objets Trouvés:

....
....
....
....
....
....
....
....
....
....
....
....
....

Date: ..../........./................

Localisation ....

GPS: ....

Machine Utilistées:

....
....
....

Configurations:

....
....
....

Objets Trouvés:

....
....
....
....
....
....
....
....
....
....
....
....

Date: ..../......./................

Localisation ....

GPS: ....

Machine Utilistées:

....
....
....

Configurations:

....
....
....

Objets Trouvés:

....
....
....
....
....
....
....
....
....
....
....
....

Date: ..../......./............

Localisation ....

GPS: ....

Machine Utilistées:

....
....
....

Configurations:

....
....
....

Objets Trouvés:

....
....
....
....
....
....
....
....
....
....
....

Date: ..../......./...............

Localisation ....

GPS: ....

Machine Utilistées:

....
....
....

Configurations:

....
....
....

Objets Trouvés:

Date: ..../......./..............

Localisation ....

GPS: ....

Machine Utilistées:

....
....
....

Configurations:

....
....
....

Objets Trouvés:

....
....
....
....
....
....
....
....
....
....
....
....

- **Date:** ..../......./...............
- **Localisation** ....
- **GPS:** ....

Machine Utilistées:

....
....
....

Configurations:

....
....
....

Objets Trouvés:

....
....
....
....
....
....
....
....
....
....
....
....

Date: ..../........./.............

Localisation ....

GPS: ....

Machine Utilistées:

....
....
....

Configurations:

....
....
....

Objets Trouvés:

....
....
....
....
....
....
....
....
....
....
....
....

Date: ..../......./................

Localisation ....

GPS: ....

Machine Utilistées:

....
....
....

Configurations:

....
....
....

Objets Trouvés:

....
....
....
....
....
....
....
....
....
....
....
....
....

Date: ..../......../................

Localisation ....

GPS: ....

Machine Utilistées:

....
....
....

Configurations:

....
....
....

Objets Trouvés:

....
....
....
....
....
....
....
....
....
....
....
....

Date: ..../......./................

Localisation ....

GPS: ....

Machine Utilistées:

....
....
....

Configurations:

....
....
....

Objets Trouvés:

....
....
....
....
....
....
....
....
....
....
....
....
....

Date: ..../......../................

Localisation ....

GPS: ....

Machine Utilistées:

....
....
....

Configurations:

....
....
....

Objets Trouvés:

....
....
....
....
....
....
....
....
....
....
....
....

Date: ..../......./..............

Localisation ....

GPS: ....

Machine Utilistées:

....
....
....

Configurations:

....
....
....

Objets Trouvés:

....
....
....
....
....
....
....
....
....
....
....
....

- [ ] **Date:** ..../........./...............
- **Localisation** ....
- **GPS:** ....

Machine Utilistées:

....
....
....

Configurations:

....
....
....

Objets Trouvés:

....
....
....
....
....
....
....
....
....
....
....
....

Date: ..../......./...............

Localisation ....

GPS: ....

Machine Utilistées:

....
....
....

Configurations:

....
....
....

Objets Trouvés:

....
....
....
....
....
....
....
....
....
....
....
....
....
....

Date: ..../......./...............

Localisation ....

GPS: ....

Machine Utilistées:

....
....
....

Configurations:

....
....
....

Objets Trouvés:

....
....
....
....
....
....
....
....
....
....
....
....
....

Date: ..../........../................

Localisation ....

GPS: ....

Machine Utilistées:

....
....
....

Configurations:

....
....
....

Objets Trouvés:

....
....
....
....
....
....
....
....
....
....
....
....
....

Date: ..../......./............

Localisation ....

GPS: ....

Machine Utilistées:

....
....
....

Configurations:

....
....
....

Objets Trouvés:

....
....
....
....
....
....
....
....
....
....
....
....

Date: ..../......./...............
Localisation ....
GPS: ....

Machine Utilistées:

....
....
....

Configurations:

....
....
....

Objets Trouvés:

....
....
....
....
....
....
....
....
....
....
....
....
....

Date: ..../......../................

Localisation ....

GPS: ....

Machine Utilistées:

....
....
....

Configurations:

....
....
....

Objets Trouvés:

....
....
....
....
....
....
....
....
....
....
....
....

Date: ..../......./...............

Localisation ....

GPS: ....

Machine Utilistées:

....
....
....

Configurations:

....
....
....

Objets Trouvés:

....
....
....
....
....
....
....
....
....
....
....
....

Date: ..../......../................

Localisation ....

GPS: ....

Machine Utilistées:

....
....
....

Configurations:

....
....
....

Objets Trouvés:

....
....
....
....
....
....
....
....
....
....
....
....

Date: ..../........./..................

Localisation ....

GPS: ....

Machine Utilistées:

....
....
....

Configurations:

....
....
....

Objets Trouvés:

....
....
....
....
....
....
....
....
....
....
....
....
....
....

Date: ..../......./...............

Localisation ....

GPS: ....

Machine Utilistées:

....
....
....

Configurations:

....
....
....

Objets Trouvés:

....
....
....
....
....
....
....
....
....
....
....
....

Date: ..../......./...............

Localisation ....

GPS: ....

Machine Utilistées:

....
....
....

Configurations:

....
....
....

Objets Trouvés:

....
....
....
....
....
....
....
....
....
....
....
....
....

Date: ..../......../..............

Localisation ....

GPS: ....

Machine Utilistées:

....
....
....

Configurations:

....
....
....

Objets Trouvés:

....
....
....
....
....
....
....
....
....
....
....
....

Date: ..../........./..............
Localisation ....
GPS: ....

Machine Utilistées:

....
....
....

Configurations:

....
....
....

Objets Trouvés:

....
....
....
....
....
....
....
....
....
....
....
....

Date: ..../........./.............

Localisation ....

GPS: ....

Machine Utilistées:

....
....
....

Configurations:

....
....
....

Objets Trouvés:

....
....
....
....
....
....
....
....
....
....
....
....

Date: ..../......./...............

Localisation ....

GPS: ....

Machine Utilistées:

....
....
....

Configurations:

....
....
....

Objets Trouvés:

....
....
....
....
....
....
....
....
....
....
....
....
....
....

Date: ..../......./................

Localisation ....

GPS: ....

Machine Utilistées:

....
....
....

Configurations:

....
....
....

Objets Trouvés:

....
....
....
....
....
....
....
....
....
....
....
....

Date: ..../....../................

Localisation ....

GPS: ....

Machine Utilistées:

....
....
....

Configurations:

....
....
....

Objets Trouvés:

....
....
....
....
....
....
....
....
....
....
....
....

Date: ..../......./...............

Localisation ....

GPS: ....

Machine Utilistées:

....
....
....

Configurations:

....
....
....

Objets Trouvés:

....
....
....
....
....
....
....
....
....
....
....
....

Date: ..../......./...............

Localisation ....

GPS: ....

Machine Utilistées:

....
....
....

Configurations:

....
....
....

Objets Trouvés:

....
....
....
....
....
....
....
....
....
....
....
....

Date: ..../....../...............
Localisation ....
GPS: ....

Machine Utilistées:

....
....
....

Configurations:

....
....
....

Objets Trouvés:

....
....
....
....
....
....
....
....
....
....
....
....
....

Date: ..../......./...............
Localisation ....
GPS: ....

Machine Utilistées:

....
....
....

Configurations:

....
....
....

Objets Trouvés:

....
....
....
....
....
....
....
....
....
....
....
....
....

Date: ..../........./.............

Localisation ....

GPS: ....

Machine Utilistées:

....
....
....

Configurations:

....
....
....

Objets Trouvés:

....
....
....
....
....
....
....
....
....
....
....
....

Date: ..../......./...............

Localisation ....

GPS: ....

Machine Utilistées:

....
....
....

Configurations:

....
....
....

Objets Trouvés:

....
....
....
....
....
....
....
....
....
....
....

Date: ..../......./...............

Localisation ....

GPS: ....

Machine Utilistées:

....
....
....

Configurations:

....
....
....

Objets Trouvés:

....
....
....
....
....
....
....
....
....
....
....
....

Date: ..../....../...............

Localisation ....

GPS: ....

Machine Utilistées:

....
....
....

Configurations:

....
....
....

Objets Trouvés:

....
....
....
....
....
....
....
....
....
....
....
....

Date: ..../........../..............

Localisation ....

GPS: ....

Machine Utilistées:

....
....
....

Configurations:

....
....
....

Objets Trouvés:

....
....
....
....
....
....
....
....
....
....
....
....

Date: ..../....../..............

Localisation ....

GPS: ....

Machine Utilistées:

....
....
....

Configurations:

....
....
....

Objets Trouvés:

....
....
....
....
....
....
....
....
....
....
....
....
....
....

Date: ..../......./................

Localisation ....

GPS: ....

Machine Utilistées:

....
....
....

Configurations:

....
....
....

Objets Trouvés:

....
....
....
....
....
....
....
....
....
....
....

Date: ..../......./...............

Localisation ....

GPS: ....

Machine Utilistées:

....
....
....

Configurations:

....
....
....

Objets Trouvés:

....
....
....
....
....
....
....
....
....
....
....
....
....
....

Date: ..../........../..............

Localisation ....

GPS: ....

Machine Utilistées:

....
....
....

Configurations:

....
....
....

Objets Trouvés:

....
....
....
....
....
....
....
....
....
....
....
....

Date: ..../......./...............

Localisation ....

GPS: ....

Machine Utilistées:

....
....
....

Configurations:

....
....
....

Objets Trouvés:

....
....
....
....
....
....
....
....
....
....
....
....

Date: ..../....../...............

Localisation ....

GPS: ....

Machine Utilistées:

....
....
....

Configurations:

....
....
....

Objets Trouvés:

....
....
....
....
....
....
....
....
....
....
....
....
....

Date: ..../....../...............

Localisation ....

GPS: ....

Machine Utilistées:

....
....
....

Configurations:

....
....
....

Objets Trouvés:

....
....
....
....
....
....
....
....
....
....
....
....
....
....

Date: ..../......./................

Localisation ....

GPS: ....

Machine Utilistées:

....
....
....

Configurations:

....
....
....

Objets Trouvés:

....
....
....
....
....
....
....
....
....
....

Date: ..../......./...............

Localisation ....

GPS: ....

Machine Utilistées:

....
....
....

Configurations:

....
....
....

Objets Trouvés:

....
....
....
....
....
....
....
....
....
....
....
....
....

Date: ..../......./...............

Localisation ....

GPS: ....

Machine Utilistées:

....
....
....

Configurations:

....
....
....

Objets Trouvés:

....
....
....
....
....
....
....
....
....
....
....
....
....

Date: ..../......./..............

Localisation ....

GPS: ....

Machine Utilistées:

....
....
....

Configurations:

....
....
....

Objets Trouvés:

....
....
....
....
....
....
....
....
....
....
....
....
....

Date: ..../......./...............

Localisation ....

GPS: ....

Machine Utilistées:

....
....
....

Configurations:

....
....
....

Objets Trouvés:

....
....
....
....
....
....
....
....
....
....
....
....

Date: ..../...../...............

Localisation ....

GPS: ....

Machine Utilistées:

....
....
....

Configurations:

....
....
....

Objets Trouvés:

....
....
....
....
....
....
....
....
....
....
....
....
....

Date: ..../........./..............

Localisation ....

GPS: ....

Machine Utilistées:

....
....
....

Configurations:

....
....
....

Objets Trouvés:

....
....
....
....
....
....
....
....
....
....
....
....

Date: ..../......../................

Localisation ....

GPS: ....

Machine Utilistées:

....
....
....

Configurations:

....
....
....

Objets Trouvés:

....
....
....
....
....
....
....
....
....
....
....
....

Date: ..../......./...............
Localisation ....
GPS: ....

Machine Utilistées:

....
....
....

Configurations:

....
....
....

Objets Trouvés:

....
....
....
....
....
....
....
....
....
....
....
....
....

Date: ..../....../...............

Localisation ....

GPS: ....

Machine Utilistées:

....
....
....

Configurations:

....
....
....

Objets Trouvés:

....
....
....
....
....
....
....
....
....
....
....
....
....

Date: ..../....../...............
Localisation ....
GPS: ....

Machine Utilistées:

....
....
....

Configurations:

....
....
....

Objets Trouvés:

....
....
....
....
....
....
....
....
....
....
....
....

Date: ..../...../...............

Localisation ....

GPS: ....

Machine Utilistées:

....
....
....

Configurations:

....
....
....

Objets Trouvés:

....
....
....
....
....
....
....
....
....
....
....
....
....
....

Date: ..../......../..............

Localisation ....

GPS: ....

Machine Utilistées:

....
....
....

Configurations:

....
....
....

Objets Trouvés:

....
....
....
....
....
....
....
....
....
....
....
....

Date: ..../........../...............
Localisation ....
GPS: ....

Machine Utilistées:

....
....
....

Configurations:

....
....
....

Objets Trouvés:

....
....
....
....
....
....
....
....
....
....
....
....
....

Date: ..../....../...............
Localisation ....
GPS: ....

Machine Utilistées:
....
....
....

Configurations:
....
....
....

Objets Trouvés:
....
....
....
....
....
....
....
....
....
....
....
....

Date: ..../......./...............

Localisation ....

GPS: ....

Machine Utilistées:

....
....
....

Configurations:

....
....
....

Objets Trouvés:

....
....
....
....
....
....
....
....
....
....
....
....
....

Date: ..../....../...............

Localisation ....

GPS: ....

Machine Utilistées:

....
....
....

Configurations:

....
....
....

Objets Trouvés:

....
....
....
....
....
....
....
....
....
....
....
....
....

Date: ..../......./...............

Localisation ....

GPS: ....

Machine Utilistées:

....
....
....

Configurations:

....
....
....

Objets Trouvés:

....
....
....
....
....
....
....
....
....
....
....
....

Date: ..../......../................

Localisation ....

GPS: ....

Machine Utilistées:

....
....
....

Configurations:

....
....
....

Objets Trouvés:

....
....
....
....
....
....
....
....
....
....
....
....

Date: ..../........./...............

Localisation ....

GPS: ....

Machine Utilistées:

....
....
....

Configurations:

....
....
....

Objets Trouvés:

....
....
....
....
....
....
....
....
....
....
....
....
....

Date: ..../......../..............

Localisation ....

GPS: ....

Machine Utilistées:

....
....
....

Configurations:

....
....
....

Objets Trouvés:

....
....
....
....
....
....
....
....
....
....
....
....

Date: ..../......./...............

Localisation ....

GPS: ....

Machine Utilistées:

....
....
....

Configurations:

....
....
....

Objets Trouvés:

....
....
....
....
....
....
....
....
....
....
....
....
....
....

Date: ..../......./...............

Localisation ....

GPS: ....

Machine Utilistées:

....
....
....

Configurations:

....
....
....

Objets Trouvés:

....
....
....
....
....
....
....
....
....
....
....
....

Date: ..../......./...............

Localisation ....

GPS: ....

Machine Utilistées:

....
....
....

Configurations:

....
....
....

Objets Trouvés:

....
....
....
....
....
....
....
....
....
....
....
....
....

Date: ..../......./...............

Localisation ....

GPS: ....

Machine Utilistées:

....
....
....

Configurations:

....
....
....

Objets Trouvés:

....
....
....
....
....
....
....
....
....
....
....
....

Date: ..../......./...............

Localisation ....

GPS: ....

Machine Utilistées:

....
....
....

Configurations:

....
....
....

Objets Trouvés:

....
....
....
....
....
....
....
....
....
....
....
....
....
....
....

Date: ..../....../...............

Localisation ....

GPS: ....

Machine Utilistées:

....
....
....

Configurations:

....
....
....

Objets Trouvés:

....
....
....
....
....
....
....
....
....
....
....
....

Date: ..../......./...............

Localisation ....

GPS: ....

Machine Utilistées:

....
....
....

Configurations:

....
....
....

Objets Trouvés:

....
....
....
....
....
....
....
....
....
....
....
....
....

Date: ..../......./...............

Localisation ....

GPS: ....

Machine Utilistées:

....
....
....

Configurations:

....
....
....

Objets Trouvés:

....
....
....
....
....
....
....
....
....
....
....
....

Date: ..../......./...............

Localisation ....

GPS: ....

Machine Utilistées:

....
....
....

Configurations:

....
....
....

Objets Trouvés:

....
....
....
....
....
....
....
....
....
....
....
....
....

Date: ..../......./...............

Localisation ....

GPS: ....

Machine Utilistées:

....
....
....

Configurations:

....
....
....

Objets Trouvés:

....
....
....
....
....
....
....
....
....
....
....
....

Date: ..../...../...............

Localisation ....

GPS: ....

Machine Utilistées:

....
....
....

Configurations:

....
....
....

Objets Trouvés:

....
....
....
....
....
....
....
....
....
....
....
....
....
....

Date: ..../......./...............

Localisation ....

GPS: ....

Machine Utilistées:

....
....
....

Configurations:

....
....
....

Objets Trouvés:

....
....
....
....
....
....
....
....
....
....
....
....

Date: ..../......./...............

Localisation ....

GPS: ....

Machine Utilistées:

....
....
....

Configurations:

....
....
....

Objets Trouvés:

....
....
....
....
....
....
....
....
....
....
....
....
....
....

Date: ..../......../................

Localisation ....

GPS: ....

Machine Utilistées:

....
....
....

Configurations:

....
....
....

Objets Trouvés:

....
....
....
....
....
....
....
....
....
....
....
....

www.ingramcontent.com/pod-product-compliance
Lightning Source LLC
Chambersburg PA
CBHW060853220526
45466CB00003B/1358